Charlie Ellis

MEIN SUPER HUND UND ICH

Was mein Vierbeiner braucht, wie man ihn körperlich
und geistig fit hält, wann er zum Doc muss und wie
man ihm die wichtigsten Dinge beibringt

Übersetzt von Claudia Händel

Für

_____

Von

_____

Inhalt

Einleitung
6

Kapitel Eins:
Die Basics
8

Kapitel Zwei:
Hundegesundheit
28

Kapitel Drei:
Psychische Gesundheit
und Wohlbefinden
46

Kapitel Vier:
Hundekommunikation
66

Kapitel Fünf:
Körper- und Fellpflege
84

Kapitel Sechs:
Hundeerziehung und -training
104

Kapitel Sieben:
Hundeaktivitäten
122

Alles hat ein Ende
140

Quiz-Antworten
142

EINLEITUNG

Die erste Begegnung mit deinem Hund wird dir für immer in Erinnerung bleiben. Ob du nun einen stürmischen Welpen abholst oder einen schon gesetzteren ausgewachsenen Hund bei dir aufnimmst: Es wird nicht lange dauern, bis dein hündischer Begleiter Pfotenabdrücke in deinem Herzen hinterlässt – und auch auf deinem neuen Teppich ... Aber er wird dich auch zum Lachen bringen, mit dir kuscheln und er wird bald ein heiß geliebtes Familienmitglied sein.

Kurz gesagt: Hunde sind etwas Besonderes – und ganz besonders natürlich dein eigener Wirbelwind aus Fell und Freude. Dieses Erinnerungsbuch ist für euch beide. Ihr werdet viel von- und übereinander lernen: Wichtiges und weniger Wichtiges. Gleich die erste und wichtigste Lektion für dich lautet: Merke, wann dein neuer Freund „mal muss" ...

Das erste Schlammbad deines Lieblings, sein erstes „ordnungsgemäßes" Geschäft, die ersten zerkauten Pantoffeln (!) – all das gehört in euer Erinnerungsbuch. Genau wie all eure Siege, die ihr begeistert feiern werdet, und eure Niederlagen, in denen ihr euch gegenseitig trösten werdet.

Neben viel Platz für Fotos, Notizen und Erinnerungen enthält es Ratschläge, Tipps und clevere Tricks, damit dein Hund das beste aller Leben hat. Das Tolle daran ist, dass du mit diesem Buch in Erinnerungen schwelgen kannst, wann immer dir danach ist – denn die schöne Zeit mit deinem vierbeinigen Freund wird wie im Flug vergehen.

Kapitel Eins

DIE
BASICS

Sich um einen Hund zu kümmern, bedeutet mehr, als nur mit ihm spazieren zu gehen und ihm das Kommando „Sitz" beizubringen. Die Welt der Hunde steckt voller Rätsel. In diesem Buch erfährst du alles Wissenswerte rund um unsere Freunde auf vier Pfoten, bekommst Tipps für die Eingewöhnung deiner neuen Fellnase und erfährst sogar, wie du dein eigenes Welpen-Survival-Kit zusammenstellen kannst.

Mein Hund

Einen Hund zu haben, kann ein bisschen überwältigend sein. Es kann sein, dass du anfangs mal was falsch machst oder vergisst, aber das ist normal. Zum Glück kannst du die wichtigsten Daten deines Lieblings unten eintragen. So bist du immer gut vorbereitet.

Name (such einen guten Namen aus – du wirst ihn noch sehr oft rufen):

....

Rasse (weil jeder danach fragen wird):

....

Geburtstag (den solltest du nicht vergessen – dein Hund wird natürlich ein neues Spielzeug erwarten):

....

Sternzeichen (das erklärt, warum er deine Vorhänge runtergerissen hat):

....

Keine Hunde auf dem Bett ist keine Option.

Alicia Silverstone

Wichtige Daten

Du hast dich für deinen neuen vierbeinigen Freund entschieden, aber er ist mehr an den Leckerlis in deiner Tasche interessiert als daran, dein bester Freund zu sein? Macht nichts. Es gibt noch viel zu tun, bevor du deinen Traumhund zu Hause hast. Als Erstes solltest du alle Gesundheitsdaten deines Lieblings aufschreiben. Hier unten ist Platz für alle wichtigen Dinge:

Kontaktdaten des Züchters: ....

....

Tierarzt, Adresse/Telefonnummer:

....

Impfungen fällig am: ....

Datum der letzten Entwurmung: ....

Datum der letzten Flohbehandlung: ....

Medikamente (falls nötig): ....

Sonstige Angaben: ....

Endlich zu Hause

Einen Hund zu sich zu holen, ist der wohl aufregendste Moment im Leben eines Hundehalters. Allerdings solltest du deine Aufregung im Zaum halten, denn für deinen neuen Freund wird sowieso schon alles so aufregend und fremd sein.

Er sollte bei dir einen Bereich vorfinden, in dem er sich frei bewegen kann und in dem es nichts gibt, was er zerkauen oder verschlucken könnte. Deine Lieblingspantoffeln in seiner Reichweite zu lassen ist wahrscheinlich keine gute Idee. Am besten machst du alle Bereiche unzugänglich, die für ihn tabu sind.

Jetzt lass ihn einfach zu dir kommen. Setz dich auf den Boden und verlange erstmal nichts. Jedes Tier ist anders, also sei aufmerksam und geduldig.

Wenn sich dein Vierbeiner in deiner Nähe und deinem Zuhause wohl fühlt, wird er in der Regel zu spielen anfangen. Einfache Anzeichen dafür sind ein wedelnder Schwanz und ein lustig hüpfendes Hinterteil. Wenn dein vierbeiniger Begleiter so weit ist, wird er von sich aus zu dir herwackeln. Das ist der Moment, in dem das Gesichtablecken beginnt und du weißt: Jetzt geht der Spaß erst richtig los!

WILLKOMMEN-ZUHAUSE-CHECKLISTE:

- ☐ Einen sauberen, offenen Bereich vorbereiten
- ☐ Wertvolles nach oben oder in einen Schrank stellen
- ☐ Wasserschüssel und Futternapf füllen
- ☐ Geduldig sein, bis der Hund von sich aus zu dir kommt
- ☐ Ihm den Garten zeigen, wenn du einen hast
- ☐ Freu dich und hol deine Kamera. Das wird richtig toll!

Der Tag, an dem wir dich nach Hause geholt haben

Klebe hier ein Foto von dem Tag ein, an dem du deinen vierbeinigen Freund zu dir nach Hause geholt hast:

ZUHAUSE IST, WO DEIN HUND IST

Welpen-Lifehacks

Wenn du ein quietschvergnügtes Fellknäuel
(im Volksmund Welpe genannt) zu dir nach Hause holst,
solltest du diese Tipps und Tricks aufmerksam lesen.

- Der Clicker ist ein handliches Hilfsmittel beim Training
  mit positiver Verstärkung und zur Beschleunigung des
  Lernprozesses. Du musst nur darauf achten, immer
  Leckerlis parat zu haben, um deinen superbraven
  Welpen zu belohnen.

- Auch Tauspielzeuge sind toll: Der Welpe kann
  drauf herumkauen, er kann es herumtragen und
  er kann es „totschütteln".

- In jedem Fall muss Welpenspielzeug sicher sein und
  Spaß machen. Du weißt schon: zur Ablenkung.

- Ein fantastisches Tool ist ein mit Futter gefülltes
  Kauspielzeug, das den Kleinen lange beschäftigt, glücklich
  und zufrieden macht. Denn: Ist dein Welpe glücklich,
  wirst auch du glücklich sein!

- Lerne nähen.

Ich hege Misstrauen gegenüber Menschen, die Hunde nicht mögen, aber vertraue einem Hund, wenn er eine Person nicht mag.

Bill Murray

Survival-Kit

Die ersten Tage mit einem Hund können ein wahrer Angriff auf die Sinne sein. Hier ist ein Überlebensleitfaden, der dir hilft, das Chaos zu überstehen!

1. Biologisch abbaubare Hundekotbeutel. Fang gleich mal an zu üben – schnell wirst du zum professionellen Hundehaufeneinsammler.

2. Pipi-Pads. Du kannst Pipi-Pads auslegen, damit dein Hund nicht versehentlich dort sein Pipi macht, wo er es nicht soll. Er sollte sich aber nicht zu sehr daran gewöhnen.

3. Eine gute Leine. Du hast die Qual der Wahl, was Material und Form angeht: rund, flach, geflochten, elastisch, wasserabweisend, … Nimm eine, die dir zusagt, denn wenn du mit der Leine nicht zurechtkommst, wird dein Hund am Ende dich ausführen und nicht andersherum.

4. Eine Box. Damit kannst du deinem Welpen beibringen, allein zu schlafen und unabhängig zu werden. Nimm eine, in der der Welpe bequem stehen und sich umdrehen kann … und den Mond anheulen – ohne Unterlass.

5. Ein kuscheliges Bett, ein Sofa oder ein Sessel deiner Wahl (oder vielleicht dein eigenes Bett?). Der gemütlichste Platz in deinem Haus ist jetzt der Schlafplatz deines Hundes, wenn er nicht in seiner Box liegt. Damit kannst du dich gleich mal abfinden. Wenn dein Hund bereits ein nach ihm riechendes Lieblingsbett besitzt, schaffst du am besten auch dafür Platz, solange, bis er den besten Platz im Haus für sich beansprucht.

6. Hundefutter, Spielzeug und Kaustangen.

7. Ein Paar bequeme Gummistiefel für all das Rumstapfen im Schlamm und das (genervte oder freudige, je nachdem) Reintreten in Hundehaufen.

Hunde-Einkäufe

Mach dir eine Liste, welche Dinge du schon hast
und welche du noch kaufen musst:

Was wir haben:

_____

_____

_____

_____

_____

_____

_____

_____

Was wir brauchen:

_____

_____

_____

_____

_____

_____

_____

_____

AM ENDE EINES
FRÖHLICH
WEDELNDEN
HUNDESCHWANZES
OFFENBART SICH
GLÜCK ... UND
WAHRSCHEINLICH
AUCH MATSCH

Fantastische Fakten

Hunde essen, schlafen und kacken nicht nur. Manche haben es richtig zu etwas gebracht: vom Rekordbrecher bis zum Lebensretter.

REKORDHALTER

Purin, eine Beagle-Hündin, ist Rekordhalterin im Fangen von Fußbällen mit ihren Vorderpfoten: 14 in einer Minute! Sie ist die Hunde-Torhüterin, die es zu schlagen gilt. Das gilt es erstmal zu toppen …

Brandy, ein Boxer-Rüde, hält den Preis für die längste Zunge mit einer beeindruckenden Länge von 43 cm – man stelle sich nur vor, wie er einem das Gesicht ableckt!

Tubby, ein gelber Labrador-Rüde, wurde berühmt, nachdem er seinem Frauchen geholfen hatte, auf ihren gemeinsamen Spaziergängen 24000 Plastikflaschen zu sammeln. Ein Hund, der aufräumt und den Planeten rettet? Außergewöhnlich!

HISTORISCHE HELDEN

Hunde sind hervorragende Schmusetiere, aber vor allem zwei Hunde haben mit unglaublich tapferen Taten Geschichte geschrieben.

Im Jahr 1925 wurde die kleine Stadt Nome in Alaska von einer Diphtherie-Epidemie heimgesucht. 650 Meilen gefährlichen Eises trennten die leidenden Menschen von der nächstgelegenen Versorgung mit lebensspendendem Serum. Es war Balto, ein Siberian Husky, der das letzte Rettungsteam anführte, die schlafenden Schlittenfahrer zu ihrem Ziel schleppte und damit alle rettete!

Während des Ersten Weltkriegs warnte ein eigensinniger Terrier namens Stubby die amerikanischen Soldaten vor Bomben und Gasangriffen. Er stellte einen deutschen Spion und kehrte als Held nach Hause zurück. Der temperamentvolle kleine Hund wurde für seinen lebensrettenden Einsatz mit einer Medaille ausgezeichnet.

HUNDE-STARS

Viele Hunde machen sich's auf dem Sofa gemütlich, andere jedoch sind Filmstars geworden.

TOTO

Cairn-Terrier-Hündin Terry war der Hund, der den kleinen schwarzen Flauschball in „Der Zauberer von Oz" spielte. Eine Inspiration für alle Cairn Terrier, die von Hollywood träumen.

RIN TIN TIN

Der nach dem Ersten Weltkrieg gerettete Rin Tin Tin war ein Deutscher Schäferhund, der in den 1920er Jahren zum Filmstar avancierte. Er spielte in 26 Stummfilmen mit und erhielt einen wohlverdienten Platz auf dem Hollywood Walk of Fame.

LASSIE

Man kann nicht über Hundestars sprechen, ohne Lassie zu erwähnen, den Collie, der im Kultfilm „Heimweh" von 1943 von einem Hund namens Pal gespielt wurde. Mit seinen freundlichen, intelligenten Augen und seinem Gespür für Abenteuer ist Lassie ein echter Herzensbrecher.

BEETHOVEN

Beethoven ist der Name des großen vierbeinigen Familien-
lieblings aus dem gleichnamigen Film von 1993. Der Titelheld
wurde von Bernhardiner-Rüde Chris verkörpert: sehr riesig
und sehr schmusig. Die Popularität des Hundes, der jede
Menge Unfug anstellt und die Herzen zum Schmelzen bringt,
trug dazu bei, dass Beethoven als bester Spielfilm ausgezeichnet und zu einem der größten Kassenschlager wurde.

Wer ist ein guter Hund?
Du bist ein guter Hund!

Genug von anderen Hunden. Konzentrieren wir uns auf den besten Hund der Welt!

Was liebst du am meisten an deinem neuen treuen Freund? Vielleicht singt dein perfekter Vierbeiner super Karaoke? Vielleicht ist er der Beste, wenn es darum geht, sich am Bauch kraulen zu lassen? Oder er ist der größte Faulpelz, der liebenswerteste Leckerlivernichter, der beste Schnüffler oder der größte Frechdachs der Welt?

Was auch immer deinen Hund vor allen anderen auszeichnet, schreib es hier in dieses Feld:

Gruppenumarmung

Hier klebst du ein Foto von dir und deiner Fellnase rein.

Kapitel Zwei

HUNDE-GESUND-HEIT

Für deinen neuen Hund zu sorgen kann ganz schön anstrengend sein, aber wir hoffen, dass dieses Kapitel dir den Stress nimmt und den Spaß daran weckt. Schon bald wirst du alles Wichtige wissen und auch, wie du deinen Hund in Topform halten kannst. Dann könnt ihr mit dem Spielen und Kuscheln weitermachen.

Mein kleiner Hund – ein Herzschlag zu meinen Füßen.

Edith Wharton

Die Gesundheit deines Hundes: Einen Tierarzt finden

Die Vorstellung deines schwanzwedelnden Freundes bei einem Tierarzt sollte deine erste Priorität sein. Finde möglichst einen in deiner Nähe, falls deinem Hund schon beim Gedanken an eine Autofahrt schlecht wird.

GESUNDHEITSVORSORGE

Du kannst eine Reihe von Leistungen in Anspruch nehmen, wie Floh- und Zeckenprophylaxe, Wurmkuren, Krallenschneiden, Impfungen und Gesundheitsuntersuchungen.

TIERVERSICHERUNG

Eine Absicherung für den Fall, dass dein Hund eine wichtige Operation oder eine langfristige Behandlung benötigt, lässt dich ruhiger schlafen – und deinen Hund lauter schnarchen.

MEDIKAMENTE

Wenn dein Hund Medikamente benötigt, sei es von Geburt an oder aufgrund einer bedauerlichen Erkrankung, mach dich mit seinen Bedürfnissen vertraut und halte eine spezielle Schachtel bereit, die alles enthält, was dein Fellfreund braucht, um gesund zu sein. Erstelle einen Medikamenten-plan, damit alles reibungslos abläuft.

IMPFUNGEN

Hunde können sich beim Herumtollen allerlei lästige Krankheiten einfangen, also halte alle Impfungen auf dem neuesten Stand. Wenn du unsicher bist, frag deinen Tierarzt und notiere dir wichtige Termine.

KASTRATION

Eine Kastration darf in Deutschland gemäß Tierschutz-gesetz nur aus medizinischen Gründen durchgeführt werden. Bei Rüden mit übersteigertem Sexualverhalten kann auf Probe ein Kastrationschip eingesetzt werden (sogenannte „chemische Kastration"), der je nach Chip und Gewicht des Hundes etwa sechs oder zwölf Monate wirksam ist.

Anzeichen für häufige Krankheiten

ZAHNERKRANKUNG

Zu den Symptomen gehören Unbehagen beim Fressen, verminderter Appetit und Gewichtsverlust. Zahnerkrankungen werden durch eine Entzündung der Zähne und des Zahnfleischs verursacht und können mit einer zahnärztlichen Behandlung behandelt und durch regelmäßige Zahnpflege mitunter vorgebeugt werden.

HAUT- UND FUTTERMITTELALLERGIEN

Übermäßiges Kratzen, Durchfall und Erbrechen können auf eine Allergie hinweisen. Dies kann auch bei Allergenen auftreten, die schon länger vorhanden sind. Achte daher auf Veränderungen im Verhalten deines Hundes.

MAGEN-DARM

Eine akute Magenschleimhautentzündung, die durch anhaltendes Erbrechen gekennzeichnet ist, kann nach 24 Stunden abklingen, eine chronische kann deutlich länger andauern. Dein Hund wird gelegentlich eine Magenverstimmung haben, aber ein längeres Erbrechen oder Durchfall sollte immer von einem Tierarzt untersucht werden.

Denk dran, im Zweifelsfall immer einen Tierarzt aufzusuchen!

DEIN FELLFREUND WIRD DIR DEIN HERZ STEHLEN. DAS IST DER HUNDE-DEAL

Das könnt ihr beide essen ...

OBST

Bestimmtes Obst kann dein Hund problemlos verputzen. Du solltest aber Kerne, Kerngehäuse oder Steine entfernen, weil sie für deinen Liebling gefährlich sein können. Bananen, Äpfel, Birnen und Beeren sind alle in Ordnung, egal ob aus Versehen gefressen (höchstwahrscheinlich geklaut) oder als Leckerli.

GEMÜSE

Dein Hund darf gern rohes Gemüse wie Sellerie und gekochtes wie grüne Bohnen, Erbsen oder Kartoffeln fressen. Auch Brokkolireste vom Abendessen (roh oder gekocht) werden ihn begeistern und eine rohe Karotte ist ein tolles Leckerli am Nachmittag.

EIER

Wenn dein Hund an einem gekochten Ei schnüffelt, fängt er garantiert an zu sabbern. Also teilst du es besser mit ihm. Eier sind sehr nahrhaft, sollten aber nur ab und zu auf dem Speiseplan stehen.

... und das nicht

OBST

Einige Früchte tun deinem neugierigen Hund nicht gut. Weintrauben und Rosinen sollten vermieden werden, da sie giftig für ihn sind und Erbrechen und schwere Komplikationen verursachen können.

ZWIEBELN

Zwiebeln und Zwiebelgewächse wie Knoblauch, Schnittlauch und Lauch haben ebenfalls eine giftige Wirkung für Hunde und sind daher nichts für deinen Liebling.

PILZE

Durch Giftpilze oder eine Überempfindlichkeit gegen Pilze kann dein Hund eine Pilzvergiftung erleiden. Am besten lässt dein Hund die Pfoten von Pilzen.

SCHOKOLADE

Die in der Schokolade enthaltenen Milchprodukte sind ohnehin nicht gut für die Verdauung deines Hundes, aber der Kakao ist hier der Hauptschuldige, da er Theobromin enthält, das für Hunde sehr schädlich ist.

Bevor du neue Lebensmittel in den Speiseplan deines Hundes aufnimmst, solltest du immer mit deinem Tierarzt Rücksprache halten. Nicht jeder Hundemagen verträgt alles.

(Die Informationen stammen von animaltrust.org.uk)

Wenn ich nur halb
so viel Mensch sein
könnte wie mein
Hund, wäre ich
doppelt so viel
Mensch wie ich bin.

Charles Yu

Dein Hund, der Gourmet

Teilen macht Freude. Mach eine Liste mit Lebensmitteln, die dein Hund am allerliebsten frisst.
Dein unbewachtes Abendessen zählt auch. Er wäre sehr enttäuscht, wenn du dich nicht daran erinnern könntest.

Und wenn die Liste fertig ist, mach eine Liste mit allem, was dein Schnuffi eher ignoriert.

Was er am liebsten mag:

....

....

....

Was er am wenigsten mag:

....

....

....

Glücklich und gesund

Futtern macht Spaß, aber zur Gesunderhaltung deines Hundes gehört mehr, als ihm zu helfen, sich durchs Leben zu fressen.

REGELMÄSSIGER AUSLAUF

Mindestens drei Mal am Tag solltest du mit deinem Hund rausgehen. Je nach Rasse, Kondition und Alter jeweils 30 Minuten (Welpe) bis eine Stunde (erwachsener Hund) oder länger.

GESUNDES GEWICHT

Ein ausgewogenes Verhältnis von Ernährung und Bewegung ist wichtig, um gesundheitliche Probleme zu vermeiden. Lass dich von einem Tierarzt in Sachen Hundeernährung beraten.

KÖRPERTEMPERATUR

Die Körpertemperatur deines Hundes sollte zwischen 38 und 39 °C liegen. Eventuell kommt bei kleineren oder kurzhaarigen Hunden die Anschaffung eines Hundemantels für den Winter in Frage. Ganz wichtig: Lass deinen Hund im Sommer nie im Auto allein!

SAUBERE ZÄHNE

Regelmäßige Zahnpflege verhindert Zahnfleischerkrankungen und stinkenden Atem. Dafür gibt es spezielle Hunde-
zahnpasta (Zahnpasta für Menschen ist nicht geeignet).
Auch Kaustangen und Kauspielzeug können hilfreich sein.

HUNDEBEOBACHTUNG

Beobachte die Gewohnheiten deines Hundes, um Anzeichen
für eine Notlage frühzeitig zu erkennen. Achte auf alle
Veränderungen, wie etwa Gewichtsverlust oder Appetitlosig-
keit sowie Hinken und Atembeschwerden.

DACH ÜBER DEM KOPF

Hunde sollten nicht lange ungeschützt Wind und Wetter
ausgesetzt sein. Außerdem lässt sich's drinnen viel besser
kuscheln.

SAUBERER LIEGEPLATZ

Auf einem sauberen und trockenen Liegeplatz lässt sich's
gut träumen.

EIN GLÜCK-
LICHER
HUND IST
EINER,
DER
STOLZIERT

Fiffi-tastisches Foto

Bitte lächeln! Jeder soll sehen, wie sehr sich dein Hund freut, dass du dich vor allen anderen für ihn entschieden hast.

Lästiges Ungeziefer

Bei der Haltung eines Haustieres ist darauf zu achten, dass es keine lästigen Flöhe, Würmer oder Zecken bekommt. Ein paar Medikamente und ein wenig Organisation sind alles, was du als Schutz vor diesen kleinen Plagegeistern brauchst.

FLÖHE

Diese winzigen Parasiten leben zu gerne auf dem Körper deines Hundes und saugen sein Blut unter dem schönen, warmen Fell. Aber Vorsicht: Ohne Behandlung werden sie auch dein Zuhause befallen. Anzeichen dafür, dass dein Hund Flöhe hat, sind übermäßiger Juckreiz, Kratzen oder Knabbern an seiner Haut. Wenn du Verdacht schöpfst, untersuche das Fell deines Hundes gründlich.

WÜRMER

Spulwürmer sind die häufigsten Endoparasiten bei Hunden und ziemlich unangenehm. Andere Würmer wie der Lungenwurm können gefährlicher sein. Achte auf Blut im Kot und anscheinend „grundlosen" Gewichtsverlust und geh zum Tierarzt, wenn dir was auffällt.

ZECKEN

Ein weiteres lästiges Ungeziefer, auf das du achten solltest, sind Zecken, die sich an Körperteilen deines Hundes festsetzen und Blut saugen – vor allem an Kopf, Hals, Ohren und Beinen. Entferne diese Krankheitsüberträger schnell mit einer geeigneten Zeckenzange.

Behandlung

Frag deinen Tierarzt nach einer geeigneten Floh- und Zeckenprophylaxe für deinen Hund. Wenn's bereits zu spät dafür ist: Wirksame Behandlungen sind als Shampoo, Puder, Tabletten oder Spot-on-Präparate erhältlich. Diese Mittel töten Flöhe sofort ab und verteilen sich im Körper deines Hundes. Du solltest dir angewöhnen, dein Hund nach dem Spaziergang nach Zecken (und bei Verdacht auch auf Flöhe) abzusuchen und ihn in Absprache mit deinem Tierarzt regelmäßig zu entwurmen.

Gemeinsam gemeistert

Es wird der Tag kommen, an dem sich dein Hund unwohl fühlt oder ein Hundeabenteuer in einer kleinen Katastrophe endet. Anstatt sich davon die gemeinsame Zeit verderben zu lassen: Warum nicht aufschreiben, wie ihr das Problem bewältigt habt? Denke an eine Herausforderung, die ihr gemeinsam gemeistert habt: von einem Sturm überrascht worden, an einem Flussufer steckengeblieben, im Park verlaufen?

Herausforderung:......................................

Wie wir sie gemeistert haben:........................

....

Notiz fürs nächste Mal: ....

....

....

Gesundheit auf vier Pfoten

Mit dieser praktischen Checkliste hast du alle wichtigen Gesundheitspunkte im Blick. Das Letzte, was du willst, ist, die Zeckenprophylaxe zu vergessen oder dass Flöhe munter in deinem Zuhause herumhüpfen.

☐ Beim Tierarzt vorgestellt

☐ Impfplan erstellt

☐ Floh- und Wurmbehandlung

☐ Besondere Medikamentenübersicht (falls nötig)

☐ Gesundheitsvorsorge

☐ Tierversicherung

☐ Gesundes Hundefutter

☐ Gesunde Hundeleckerlis

☐ Gesunde Zähne und Zahnfleisch

☐ Perfekte Körpertemperatur

☐ Schwanzwedeln

☐ Guter Schlaf

☐ Leises Schnarchen

Kapitel Drei

PSYCHISCHE GESUNDHEIT UND WOHL- BEFINDEN

Alles, was unsere Hunde tun, kommt von Herzen.
Deswegen und wegen der tiefen Gefühle, die sie bei uns
auslösen, wegen ihrer Reaktionen und des Schaber-
nacks, den sie treiben, lieben wir sie so sehr.
Hunde sind einfach gut für die Seele. Darüber dürfen
wir jedoch nicht vergessen, unserem treuen Freund was
zurückzugeben. So entstehen die stärksten Bindungen.

Ein Hund ist ein Bündel reiner Liebe, eingepackt in Fell.

Andrea Lochen

Trennungsangst

Wenn du deinen Hund allein lässt, wirst du feststellen, dass er ganz aufgeregt ist, wenn du zurückkommst. Manche Hunde sind eher zurückhaltend, aber im Allgemeinen zeigen sie Anzeichen von Zuneigung und Erleichterung. Für den Besitzer ist das ein wunderbares Gefühl.

Leider bedeutet das nicht, dass dein Hund nicht gelitten hat, während du weg warst. Sofern er keinen Tunnel bis ins Nachbarhaus gegraben hat, merkst du vielleicht gar nicht, dass etwas nicht in Ordnung war.

Mit ein bisschen Detektivarbeit kannst du die Anzeichen erkennen, die darauf hindeuten, dass dein Hund unglücklich ist, wenn er allein zu Hause ist. Dann kannst du für eine entspanntere Umgebung sorgen.

Häufige Anzeichen

ZERSTÖRUNG

Dies ist das deutlichste Zeichen dafür, dass dein Hund während deiner Abwesenheit unruhig war. Es muss nicht immer in angenagten Wänden oder zerbrochenen Gegenständen ausarten. Achte also auf Kratzspuren in der Nähe von Türen und Fenstern. Ein verängstigter Hund, der allein im Haus zurückgelassen wird, sucht oft nach einem Ausweg.

KLEINES ODER GROSSES MALHEUR

Wahrscheinlich riechst du es, bevor du es sehen kannst. Manchmal kann das Malheur an einer Stelle passieren, an der sich dein Hund normalerweise sicher fühlt, zum Beispiel auf seinem Liegeplatz.

LÄRM

Ein verstörter Hund jault oder heult um Aufmerksamkeit. Erkundige dich eventuell bei deinen Nachbarn, ob sie während deiner Abwesenheit etwas gehört haben.

Deinen Hund allein zu Hause lassen

Vielleicht macht es dir Angst, wenn du deinen Hund allein lassen musst. Keine Bange: Es gibt Mittel und Wege, wie du ihm helfen kannst, sich zu entspannen, wenn du nicht da bist.

VERTRAUEN AUFBAUEN

Führe deinen Hund allmählich ans Alleinebleiben heran, indem du anfangs nur kurz weggehst und allmählich immer länger wegbleibst. Grundsätzlich sollte ein junger Hund maximal zwei Stunden allein gelassen werden, ein erwachsener vielleicht vier. Eine Box, in der sich der Hund wohlfühlt, kann in der Anfangsphase des Trainings eine gute Möglichkeit sein.

FUTTER HILFT IMMER

Eine Möglichkeit, dass dein Hund entspannt bleibt, ist, ihn zu beschäftigen: Ein leckerer und langanhaltender Kau-Snack rettet hier wirklich seinen Tag. Natürlich sollte dein Hund jederzeit Zugang zu seinem Wassernapf haben.

GESELLSCHAFT SIMULIEREN

Ein Radio, das in leiser Lautstärke läuft, kann die Trennungsangst deines Hundes verringern.

HAUSTIERKAMERA

Die Installation einer Kamera in deinem Zuhause kann eine
unterhaltsame und informative Art sein, deinen Hund heim-
lich zu überwachen. Bei einigen Kameras kannst du deinen
Hund sogar hören und zu ihm sprechen. Das kann helfen,
Stressverhalten (wie aufgeregtes Umhergehen oder Hecheln
und Speicheln) zu erkennen. Ob ihn deine Stimme „aus dem
Off" beruhigt oder eher ängstigt, musst du ausprobieren.

EINEN HUNDESITTER FINDEN

Eine weitere Möglichkeit, damit dein Hund nicht lange allein
bleiben muss, ist ein Hundesitter. Dein geliebter Vierbeiner
bekommt Gesellschaft und Bewegung – und du hast ein
ruhiges Gewissen!

DU WOLLTEST
NICHT UM VIER
UHR MORGENS
GEWECKT
WERDEN? TJA,
PECH GEHABT!

Der deprimierte Hund

Genau wie Menschen können auch Hunde an Depressionen leiden. Es gibt zwar nicht den einen Auslöser, aber es gibt eine Reihe von Gründen, die hinter einer Depression stecken können.

Nach dem schweren Verlust eines menschlichen oder vierbeinigen Freundes trauern Hunde. Dies kann zu Verhaltensänderungen führen. Hunde greifen auch die traurigen Gefühle von Menschen auf, was nur bestätigt, wie liebe- und gefühlvoll sie sein können.

Du solltest auch auf andere Faktoren achten, etwa Langeweile. Und Hunde können ebenso wie wir in düstere Winterstimmung verfallen, insbesondere wenn ihre Gassirunden kürzer ausfallen sollten.

Dein Hund ist traurig? Das kannst du tun

Mit ein wenig Liebe sollten Hunde nach einer depressiven Phase wieder auf die Beine kommen, ohne dass eine professionelle Behandlung erforderlich ist.

- Überlege, was deinem Hund Spaß macht, und beschäftige ihn mit Dingen, bei denen er normalerweise sofort mit dem Schwanz wedeln würde. Vielleicht muss er sich einfach nur in eine tiefe Schlammpfütze stürzen.

- Belohne positive Veränderungen seines Verhaltens mit einem Leckerli. Gib ihm jedoch keine Leckerlis, um ihn aus seinem Dornröschenschlaf zu wecken. Dadurch wird nur eine Verbindung zwischen Leckerli und Niedergeschlagenheit hergestellt.

- Auch dein Hund braucht Freunde! Bring ihn in Kontakt mit Artgenossen, mit denen er herumtollen und Unfug treiben kann.

Hunde sind nicht unser ganzes Leben, aber sie machen aus unserem Leben ein Ganzes.

Roger Caras

Krach und andere Sorgen

Neben der Trennungsangst gibt es noch andere Ängste bei Hunden, auf die du achten solltest. Wie immer gilt: Je leichter du die Auslöser erkennst, desto schneller findet dein Hund wieder zu seinem schwanzwedelnden, fröhlichen Wesen zurück.

ANGST VOR ANDEREN MENSCHEN UND HUNDEN

Nicht alle Hunde sind selbstbewusst. Manche sind ein wenig schüchtern. Das kann dann problematisch für sie werden, wenn sie auf fremde Menschen oder auf sozial versierte Artgenossen treffen. Auch im Reich der Hunde gibt es laute und stille Kinder.

GERÄUSCHANGST

Niemand mag plötzliche laute Knallgeräusche, schon gar nicht dein Hund mit seinem empfindlichen Gehör. Achte auf Geräuschbelästigungen für deinen Hund, wie etwa laute Musik, Geschrei, Feuerwerk oder ein Donnerschlag (siehe Seite 60 für Tipps zur Geborgenheit).

ZWANGSVERHALTEN

Was auf den ersten Blick wie eine Marotte erscheint, kann in Wirklichkeit ein Anzeichen für eine ungesunde Verhaltensweise sein, die dein Hund aufgrund von Stress entwickelt. Ein typisches Anzeichen für zwanghaftes Verhalten ist eine wiederkehrende Angewohnheit, die ungewöhnlich erscheint, wie etwa übermäßiges Lecken oder Knabbern an den Krallen. Hin und wieder ist das völlig okay. Kommt es aber ständig vor, ist es ein erstzunehmendes Problem.

Stress-Signale

Viele Signale für psychische Probleme deines Hundes überschneiden sich mit körperlichen Symptomen. Wende dich immer an deinen Tierarzt, wenn dir irgendetwas Sorgen macht. Hundehalter zu sein bedeutet, ein guter Zuhörer und aufmerksamer Beobachter zu sein.

HÄUFIGE ANZEICHEN FÜR STRESS:

- Appetitverlust
- Unruhe
- Sozialer Rückzug
- Vermeidung von Augenkontakt
- Übermäßiges Bellen
- Nuckeln an Spielzeug (das als Gesundheitsproblem auszumachen kann sehr schwierig sein, denn viele Hunde nuckeln gern an ihrem Spielzeug)
- Schwanzjagen
- Aggressives Verhalten (knurren, bellen oder die Zähne zeigen)
- Übermäßiges Lecken oder Schnüffeln
- Ständiges Hin- und Herlaufen
- Jaulen
- Zittern

DAS EINZIGE,
WAS BESSER
IST ALS EIN
HUND, SIND
MEHRERE
HUNDE.

Feuerwerk

Feuerwerk mag schön sein für Menschen, aber nicht für deinen Hund. Feuerwerk ist eines der größten Probleme für alle Haustierbesitzer und kann zu ernsthaften Traumata und Gesundheitsproblemen bei Hunden führen.

Es ist eine stressige Zeit für dich und deinen Hund, aber es gibt ein paar Dinge, die du vorbereitend tun kannst:

- Richte in den Monaten vor gängigen Festtagen einen sicheren Bereich für deinen Hund ein, der ruhig ist und an den er sich zurückziehen kann. Du solltest diesen Bereich meiden, wenn dein Hund ihn erkundet, damit er lernt, dass dies ein Ort ist, an dem er nicht gestört wird. Du kannst ihm jedoch beibringen, ihn als einen Ort der Geborgenheit zu erkennen, an dem er sich wohlfühlt, mit vertrauten Gerüchen, Spielzeug und Leckerlis.

- Schließe Fenster und Vorhänge. Sobald ein Hund den ersten Knall am Himmel hört, wird er sich in der Regel nicht beruhigen, bis alles vorbei ist – auch wenn die Geräusche leiser werden.

- Lass den Fernseher oder das Radio laufen, um den Lärm draußen etwas zu übertönen.

- Besorge ein Thundershirt. Das ist eine Art Beruhigungsweste, die leichten, gleichmäßigen Druck ausübt, um ein sanftes Gefühl der Umarmung zu simulieren und auf diese Weise beruhigend wirken soll. Wer würde sich mit einer liebevollen Umarmung nicht besser fühlen?

- Frage deinen Tierarzt nach Medikamenten oder Pheromonsprays, die deinen Hund in diesen hektischen Momenten entspannen lassen können.

- Tu dein Bestes, um deinen Hund vorab zu beruhigen und ihn währenddessen nicht in seiner Angst zu bestärken.

- Achte auch darauf, ihn nicht zu sehr zu bedrängen und ihm Raum zu geben.

Kenne deinen Hund

Eine gute Idee ist es, alles, was deinen vierbeinigen Liebling stresst oder entspannt (egal, ob drinnen oder draußen) zu notieren.

MEIN HUND IST GESTRESST, WENN:

_____

_____

_____

_____

_____

_____

_____

_____

_____

_____

_____

_____

MEIN HUND ENTSPANNT SICH, WENN:

_____

_____

_____

_____

_____

_____

_____

_____

_____

_____

_____

_____

_____

Das macht deinen Hund glücklich

Hier ein paar Inspirationen:

🐾 **Reichlich Bewegung und Training**
In einem gesunden Körper wohnt ein gesunder Geist.

🐾 **Mach mit ihm Spiele, die das Gehirn anregen, etwa eine Schatzsuche (siehe Seite 126)**
Beschäftige deinen Hund – mit Spielzeug, Spielen, Kauartikeln, … Oder bring ihm ein paar tolle (sinnvolle und sinnlose) Tricks bei.

🐾 **Anderes Spielzeug**
Tausche das Hundespielzeug alle paar Wochen aus, um das Interesse daran wachzuhalten.

🐾 **Macht das Radio an**
Ganz recht – es gibt jede Menge Sound-Apps für Hunde, mit Musik und Klängen, die beruhigend wirken. Ein leise laufendes Radio ist besonders nützlich, wenn dein Hund mal ein paar Stunden alleine bleiben muss.

🐾 **Fensterplatz**
Hunde werden mürrisch, wenn sie nur auf vier Wände starren können. Da macht es doch deutlich mehr Spaß, alles zu beobachten, was draußen passiert.

Müde und glücklich

Wie sieht dein Hund aus, wenn er am entspanntesten ist?
Schnarcht er? Zeigen seine Beine Richtung Himmel? Vielleicht hat
er seine sämtlichen Spielsachen vor sich ausgebreitet? …

Schreibe die untrüglichen Anzeichen auf, an denen du erkennst,
dass dein Hund zufrieden und entspannt ist:

Kapitel Vier

HUNDE-
KOMMUNIKATION

Du verliebst dich in einen Hund wegen der Art und Weise, wie er auf einer tiefen Gefühlsebene mit dir kommuniziert. Das liegt am warmen Ausdruck seiner Augen, daran, wie er seinen Kopf an dir reibt und an seinen weichen Pfoten. Aber da Hunde nicht sprechen können, ist es wichtig, all die kleinen Zeichen zu erkennen, die den (für uns) sichtbaren Wortschatz eines Hundes ausmachen.

WENN DU AUFWACHST UND DEIN HUND AUF DIR SITZT, HABT IHR ALLES RICHTIG GEMACHT

Werde zum Hundeflüsterer

Die Bedürfnisse deines Hundes zu verstehen, indem du seine Verhaltensweisen erkennst, ist der Schlüssel zu einem gesunden Hund und einer unzerstörbaren Bindung. Dein Hund wird dich noch mehr lieben, wenn du ein guter Zuhörer bist.

Beobachte den ganzen Körper: Hunde kommunizieren ständig – mit den Augen, den Ohren, dem Maul, dem Körper und der Rute.

Komplexere Hundekommunikation ist besser im Zusammenhang mit der jeweiligen Situation zu verstehen. Ein Hund, der gähnt, wenn er müde ist, ist normal. Ein Hund, der gähnt, wenn er spielt, kann damit auch etwas anderes als Müdigkeit oder Langeweile ausdrücken.

Und denk dran: Dein Hund ist etwas Besonderes. Jeder Hund reagiert je nach Alter und Gesundheitszustand anders auf verschiedene Situationen. Alles, was du tun musst, ist zu beobachten und zu lernen – so wie es dein Liebling tut.

Hunde sprechen. Aber nur mit denen, die wissen, wie man zuhört.

Orhan Pamuk

Hundebegrüßungen

Wenn ich mich freue, dich zu sehen:

- 🐾 strecke ich mich ganz lang, runter bis zum Boden oder hoch bis zu deinen Knien.
- 🐾 sind meine Ohren entspannt.
- 🐾 ist der Ausdruck in meinen Augen sanft und freundlich.
- 🐾 wackle ich eventuell mit dem Hintern und wedle ganz schnell mit dem Schwanz.
- 🐾 hole ich mein Spielzeug und bringe es dir.

Wenn ich neugierig oder überrascht bin:

- 🐾 neige ich meinen Kopf zur Seite.
- 🐾 hebe ich meinen Schwanz an.
- 🐾 richte ich meine Ohren nach vorne.
- 🐾 halte ich Blickkontakt mit dir.
- 🐾 werde ich niedlich aussehen, aber das bedeutet nur, dass ich interessiert bin.

Wenn ich einen bestimmten Hund mag:

- 🐾 stupse ich ihn mit der Nase an (oder geb ihm einen Hundekuss, wie wir Hunde es nennen).
- 🐾 werden mein Blick offen und meine Ohren entspannt sein.
- 🐾 ist mein Körper entspannt.
- 🐾 könnte ich interessiert, zufrieden oder in Spiellaune sein.

Wenn ich am Hinterteil eines anderen Hundes schnuppere:

- 🐾 betreibe ich spezielle Hundeforschung.
- 🐾 ein kurzes Beschnuppern ist toll; wir können Freunde sein.
- 🐾 alles, was länger dauert, könnte als unhöflich oder lästig empfunden werden.
- 🐾 beobachte mich und die Reaktionen des anderen Hundes genau, um zu sehen, wie unsere Begegnung verläuft.

Glücklich

Wenn ich glücklich bin:

- 🐾 halte ich meine Ohren in neutraler Stellung; sie sind dann normalerweise weich und nach unten gerichtet (je nach Rasse).

- 🐾 können mein Blick sanft und freundlich und meine Augenlider entspannt geöffnet sein.

- 🐾 kann mein Maul entspannt sein, meine Zunge flach im Maul liegen oder heraushängen. Ich werde lächeln und spielerisch kläffen.

- 🐾 ist meine Rute entspannt erhoben und wedelt.

- 🐾 ist mein Körper ganz entspannt. Vielleicht lehne ich mich an dich oder gehe spielerisch mit meinem Vorderkörper nach unten, mit nach oben gestrecktem Hinterteil.

- 🐾 wird mein Fell glatt angelegt sein.

- 🐾 könnte ich auch mal aufgeregte Geräusche von mir geben, in hohen Tönen bellen und wäre dann bereit für Aufmerksamkeit oder zum Spielen.

Weiche, entspannt
hängende Ohren

Hoch getragene,
wedelnde Rute

Lächelndes Maul
und aufgeregte
Geräusche

Entspannter Körper

Ängstlich

Wenn ich ängstlich bin:

- können meine Ohren steif, nach hinten und unten angelegt und wachsam sein.

- können meine Augen stark blinzeln oder stark schielen. Ich zeige das Weiße meiner Augen, bekannt als „Walaugen", und starre in die entgegengesetzte Richtung, in die mein Kopf zeigt. Vielleicht vermeide ich Blickkontakt.

- kann ich hecheln, sabbern oder mir übermäßig die Lefzen lecken. Vielleicht gähne ich, obwohl ich nicht müde bin.

- kann meine Rute heruntergezogen oder zwischen meinen Beinen eingeklemmt sein.

- kann mein Körper angespannt und verkrampft und von dir abgewandt sein. Vielleicht setze oder lege ich mich hin, um mich kleiner zu machen.

- winsele, wimmere oder belle ich übertrieben.

Steife, nach unten
gerichtete Ohren

Heruntergezogene
und zwischen den
Beinen eingeklemmte
Rute

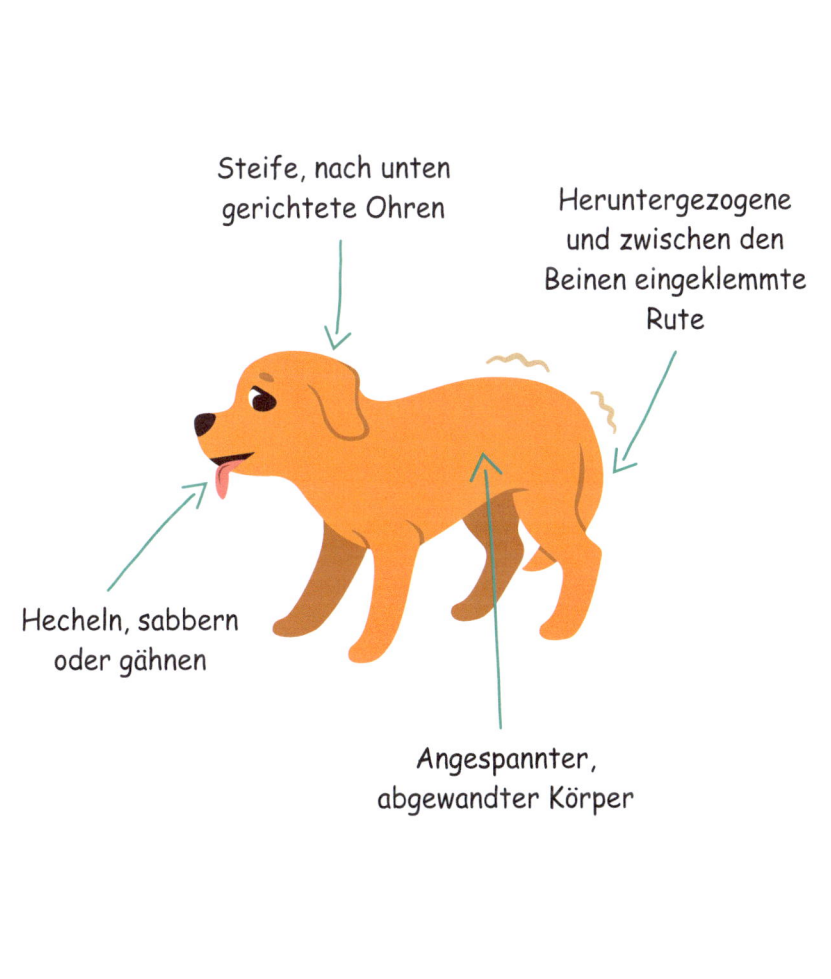

Hecheln, sabbern
oder gähnen

Angespannter,
abgewandter Körper

ZUHAUSE IST, WO MEIN HUND IST

Habenwollen

Wenn ich etwas haben möchte:

- 🐾 kann ich mit dem ganzen Körper wackeln und mit meiner Rute wedeln.

- 🐾 werde ich dich anstarren und „Fragen stellen". Meine Augen werden groß und meine Augenbrauen hochgezogen sein, sodass ich richtig niedlich aussehe. Der sogenannte Hundeblick: Wenn ich lange genug so schaue, bekomme ich sehr wahrscheinlich das, was ich will.

- 🐾 kann ich ununterbrochen um Aufmerksamkeit bellen.

- 🐾 kann ich neben der Tür warten, weil ich mal muss oder einen kleinen Spaziergang an der frischen Luft machen will.

Drohen

Wenn ich drohe und dir sage, du sollst dich zurückhalten:

- 🐾 kann mein Blick hart und konzentriert sein und dich fixieren.

- 🐾 können meine Ohren aufgestellt und nach vorne gerichtet sein.

- 🐾 kann meine Rute steif und nach oben gerichtet sein.

- 🐾 kann es sein, dass meine Muskeln angespannt sind und mein Körpergewicht nach vorne verlagert ist.

- 🐾 kann mein Gesicht gerunzelt und können meine Zähne gebleckt sein.

- 🐾 können meine Lippen fest zusammengepresst oder zu einem Knurren verzogen sein.

- 🐾 kann ich in einem lauten, tiefen Ton bellen.

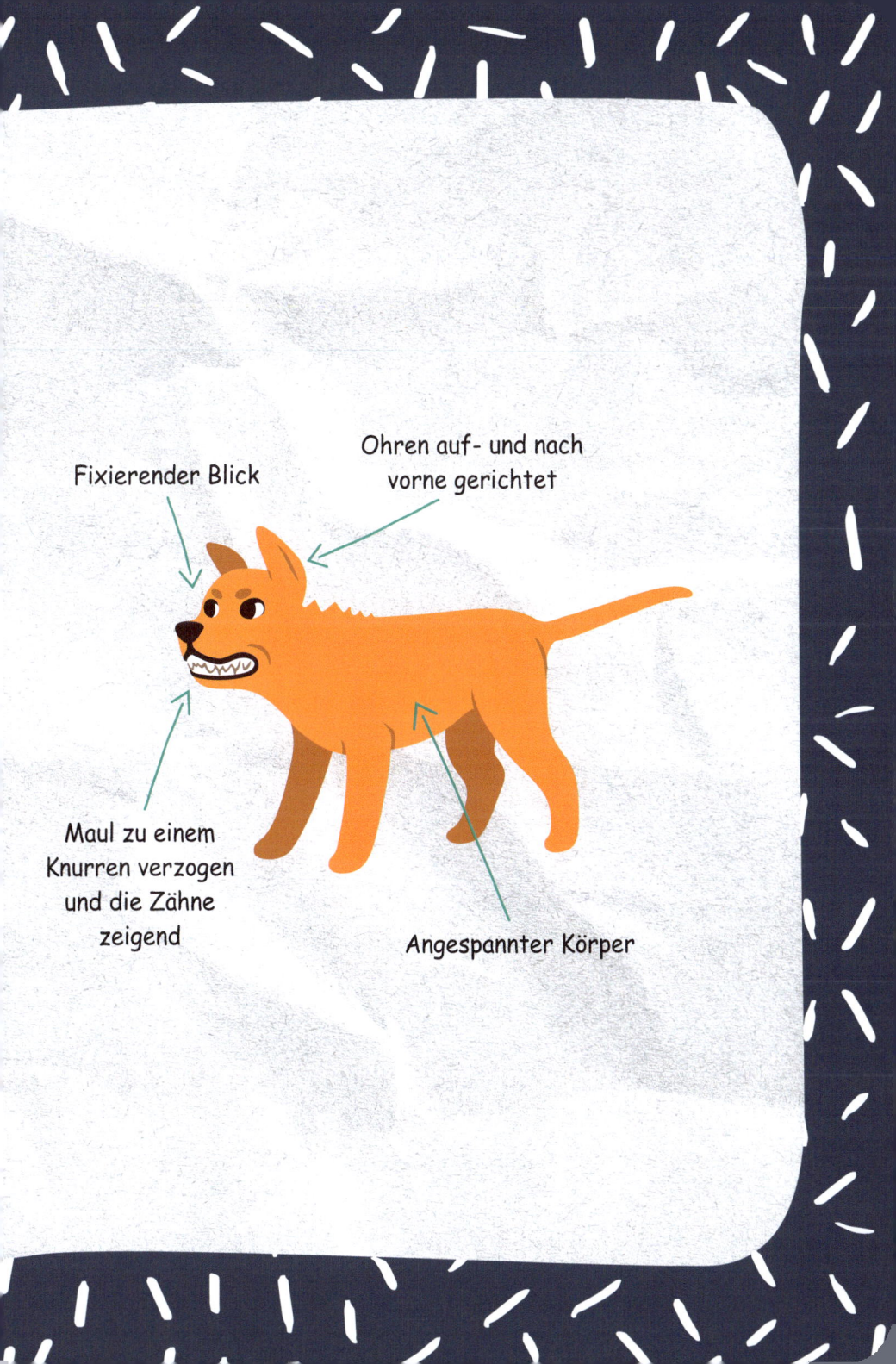

Fixierender Blick

Ohren auf- und nach vorne gerichtet

Maul zu einem Knurren verzogen und die Zähne zeigend

Angespannter Körper

Ich möchte wie ein Hund arbeiten und das tun, wozu ich geboren wurde, mit Freude und Sinn. Ich möchte wie ein Hund spielen, mit völliger, fröhlicher Hingabe.

Oprah Winfrey

Die Sprache meines Hundes sprechen

Schreibe die Zeichen und Signale auf, die dir aufgefallen sind,
wenn dein Hund versucht, dir etwas mitzuteilen. Das wird
dir helfen, dich in Zukunft daran zu erinnern und deine Rolle als
meisterhafter Hundeflüsterer zu festigen.

Hundesprache

Teste mit diesem Quiz, wie viel du über die Hundesprache gelernt hast. Wähle eine Antwort aus den folgenden Fragen. Mach dir keinen Stress, du bist ein Experte für die Kommunikation mit Hunden.

Nach unten und hinten angelegte Ohren bedeuten, ein Hund:

☐ **ist ängstlich**

☐ **ist entspannt**

☐ **will etwas**

Wenn ein Hund mit seiner Nase die Nase eines anderen Hundes anstupst:

☐ **ist er unsicher**

☐ **droht er**

☐ **nimmt er Kontakt auf**

Gerunzelte Nase oder gerunzeltes Gesicht bedeutet, ein Hund:

☐ **ist traurig**

☐ **ist glücklich**

☐ **droht**

„Walaugen" bedeuten, ein Hund:

- [ ] **droht**
- [ ] **ist ängstlich**
- [ ] **ist entspannt**

Ein drohender Hund:

- [ ] **legt sich auf den Rücken**
- [ ] **geht mit dem Vorderkörper nach unten**
- [ ] **verlagert sein Gewicht nach vorne mit steifer Rute**

Ein glückliches Bellen ist:

- [ ] **tief**
- [ ] **aufgeregt mit Schwanzwedeln**
- [ ] **von einem eingezogenen Schwanz begleitet**

Ein Hund wendet seinen Blick ab, wenn er:

- [ ] **aufgeregt ist**
- [ ] **hungrig ist**
- [ ] **ängstlich ist**

(Die Antworten stehen auf Seite 141)

Kapitel Fünf

KÖRPER- UND FELLPFLEGE

Bei all den Leckerlis, dem Kuscheln und Spielen kann es leicht passieren, dass die Körper- und Fellpflege ins Hintertreffen gerät. Das sollte nicht so sein, denn dein Hund muss doch bei jedem Fototermin wie ein professioneller Poser aussehen. Hier kommt eine gute Körperpflege ins Spiel. Mit etwas Geduld kann dies eine großartige Aktivität sein, die eure Bindung stärkt.

Der perfekt frisierte Hund

Ein gutes Verwöhnprogramm lässt deinen Hund schöner aussehen als je zuvor. Aber wusstest du, dass eine regelmäßige Fellpflege auch für die allgemeine Gesundheit deines Hundes von Vorteil ist? Ob zu Hause oder von einem Fachmann durchgeführt: Regelmäßiges Bürsten ist wichtig, um abgestorbene Hautzellen zu entfernen. Dies verringert das Risiko von Infektionen und anderen potenziellen Gesundheitsgefahren.

Wenn dein Hund alle vier bis sechs Wochen mit Körper- und Fellpflege dran ist, wird er dies bald als wunderbare Wellness und nicht mehr als angsteinflößend und stressig empfinden. Wir alle fühlen uns wohler in unserer Haut, nachdem wir uns eine Auszeit zur Erholung genommen haben. Bei deinem Hund wird es nicht anders sein, denn er wird nicht nur schöner, sondern auch ausgeglichener sein.

Wellness zu Hause

Nicht jeder hat die finanziellen Mittel oder die Zeit, regelmäßig zum Hundefriseur zu gehen. Ein gut vorbereiteter Ablauf zu Hause kann die perfekte Lösung sein. Diese Zeit kann man nutzen, um die Bindung zu vertiefen und ein paar alberne Fotos zu machen.

Jeder Hund ist anders. Wie sehr er ein Verwöhnprogramm genießt, hängt davon ab, wie wohl er sich dabei fühlt. Manche Hunde lieben es, andere finden es einschüchternd und werden es dir nicht danken, dass du sie so schön gemacht hast.

BÜRSTEN:

- 🐾 Regelmäßiges Bürsten hält das Fell weich und sauber.

- 🐾 Für bestimmte Haartypen sind unterschiedliche Bürsten erforderlich (siehe Seite 88). Mit Bürsten kann man jedenfalls Knoten und eventuelle Verfilzungen einfach entfernen.

- 🐾 Tipp: Hunde mit langem oder dichten Fell bürstet man am besten draußen, sonst verteilen sich die Fellbüschel im ganzen Haus.

BADEN:

🐾 Du solltest deinen Hund nur dann baden, wenn es wirklich notwendig ist – etwa, wenn sein Fell stark verschmutzt ist, extrem riecht oder aus medizinischen Gründen. Generell hält sich die Begeisterung der meisten Hunde für ein solches Bad in Grenzen.

🐾 Nimm dafür unbedingt ein spezielles Hundeshampoo. Shampoo für Menschen kann die natürliche Schutzfunktion der Haut deines Hundes beeinträchtigen, was ihn anfällig für Parasiten und Viren machen kann.

🐾 Einen widerspenstigen Hund in die Badewanne setzen zu wollen, kann schnell zu einer unangenehmen Rutschpartie für ihn und einer Wasserschlacht für dich werden. Stattdessen kannst du versuchen, ihn draußen mit lauwarmem Wasser aus einem Eimer zu waschen.

🐾 Das Wasser sollte immer lauwarm sein, auf keinen Fall zu heiß oder eiskalt. Shampooreste immer gut mit reichlich Wasser ausspülen. Achte darauf, nur den Körper und die Beine zu shampoonieren und lass kein Shampoo in Ohren, Augen oder Maul kommen.

Fellpflege

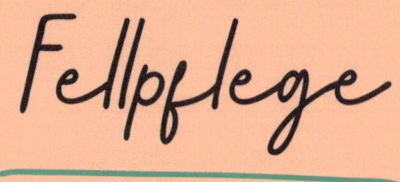

So wie der Mensch sich regelmäßig die Haare bürstet, müssen auch Hunde regelmäßig gebürstet werden, und sei es nur einmal in der Woche. So bleibt ihr Fell glänzend, sauber und lässt sich wunderbar streicheln.

KURZES FELL:

Nimm eine Bürste mit weichen Borsten oder einen speziellen Hundehandschuh, um lose oder abgestorbene Haare zu entfernen.

DRAHTIGES FELL:

Bürste das Fell mit einem Kamm oder einer Zupfbürste von der Haut nach außen, um Verfilzungen vorzubeugen.

LANGES FELL:

Entferne Knoten oder Verfilzungen mit einer für langes Fell geeigneten Bürste.

LOCKIGES FELL:

Bearbeite das Fell mit einer Zupfbürste von der Haut nach außen und achte darauf, dass keine Rückstände im Fell sind. Trimme das Fell regelmäßig, um Verfilzungen und Verknotungen zu vermeiden.

OBER- UND UNTERFELL:

Bürste deinen Hund regelmäßig mit einer Zupfbürste, damit sich Oberfell und Unterwolle nicht verheddern.

Manikürte Schönheit

Für die Krallenpflege zu Hause gibt es viele Möglichkeiten, etwa Scheren und Knipser für kleinere Hunde und Krallenzangen für größere Hunde. (Auch spezielle Krallenschleifer sind eine tolle Sache. Lass dir die Anwendung von einem Profi zeigen.) Kleiner Tipp: Mach deinen Hund vorher müde und massiere immer mal wieder seine Pfoten, damit er sich an diese Berührung gewöhnt.

WAS DU BRAUCHST:

- 🐾 Nagelknipser oder Krallenzange
- 🐾 Blutstillendes Mittel
- 🐾 Geduld

WAS ZU TUN IST:

1. Halte jeden Zeh fest und schneide die Krallenspitze langsam und schräg von oben nach unten ab.

2. Schneide die Kralle nicht hinter der Krümmung des Nagels ab.

3. Nicht weiterschneiden, wenn du einen Punkt im Inneren der Kralle entdeckst, das sogenannte „Leben". Das ist eine Vene in der Hundekralle.

4. Wenn du zu tief schneidest, keine Panik: Trage ein blutstillendes Mittel auf, um die Blutung zu stoppen.

Professionelle Pflege

Wenn dein Hund bei der Fellpflege unwillig ist, was ganz normal ist, kann ein Hundesalon genau das Richtige für euch beide sein.

Professionelle Groomer machen aus deinem Struwwelpeter den elegantesten Hundekavalier bzw. die vornehmste Hundedame der Stadt.

Mit ihrer professionellen Ausrüstung und Erfahrung im Umgang mit Hunden können sie auch versteckte Probleme wie Flöhe und Hautprobleme frühzeitig erkennen und deinen Hund von oben bis unten gründlich reinigen, einschließlich empfindlicher Bereiche wie Augen, Ohren und Po – dieser kann besonders bei Hunden mit dichtem oder langem Fell ungepflegt sein.

Du möchtest deinen Hund zu Hause nicht mit anstrengenden Pflegemaßnahmen unglücklich machen? Auch dann kann eine professionelle Pflege Abhilfe schaffen und eine wirklich gute Alternative darstellen.

Verfilztes Haar, wunde Pfoten und lange Krallen verursachen bei Hunden Unbehagen und können zu Hause schwer zu behandeln sein. Ein Hundefriseur hat die nötige Geduld und Erfahrung, um den Stress deines Hundes zu minimieren, wenn er Stellen behandelt, die vielleicht etwas aus dem Ruder gelaufen sind.

Es hat auch einen psychologischen Vorteil, wenn du deinen Hund eine Zeit lang in einem Hundesalon lassen kannst: Es stärkt seine Unabhängigkeit und der Kontakt zu anderen Hunden tut ihm gut.

Glückliches Gehör

Es ist wichtig, die weichen und empfindlichen Ohren deines Hundes sauber zu halten, um Hörprobleme zu vermeiden. Kontrolliere sie regelmäßig auf Rötungen, Schwellungen, Geruch oder Ansammlungen von Ohrenschmalz. Bevor du loslegst, muss dein Hund daran gewöhnt werden, dass du seine Ohren anfasst. Die Bildung von Ohrenschmalz kann von Hund zu Hund unterschiedlich sein, daher solltest du deinen Tierarzt fragen, was bei deinem Hund zu beachten ist.

WAS DU BRAUCHST:

- Wattebäusche
- Vom Tierarzt empfohlene Ohrreinigungslösung

WAS ZU TUN IST:

1. Soll nur die behaarte Außenseite des Ohrs gereinigt werden, wische sie mit in Ohrpflegelösung getränkten Wattebäuschen ab.

2. Um die Gehörgänge zu reinigen, lege die Ohren deines Hundes frei und gib die Reinigungslösung vorsichtig in den Gehörgang. (Vorsicht: Führe immer nur die Spitze des Reinigerfläschchens ein.) Halte die Ohren anschließend zu und massiere sie sanft.

3. Führe niemals etwas tief in den Gehörgang deines Hundes ein! Das kann schwere Verletzungen verursachen. Frage ansonsten deinen Tierarzt um Rat.

EINE INFEKTION ERKENNEN

Hundeohren sind komplex und empfindlich. Aufgrund ihrer Form können Schmutz und andere Fremdkörper darin stecken bleiben, vor allem, wenn dein Hund ein begeisterter Schwimmer ist und gerne im Fluss plantscht. Ohrenschmalz an der Ohrmuschel kannst du vorsichtig mit einem feuchten Wattebausch abwischen. Bei allen anderen Problemen oder Schwierigkeiten geh bitte gleich zum Tierarzt.

Die folgenden Anzeichen können auf eine Infektion hindeuten:

- **Dunkelbraunes oder schwarzes Ohrenschmalz**
- **Unangenehmer Geruch aus dem Ohr**
- **Rote entzündete Stellen**
- **Ausfluss**
- **Übermäßiges Kratzen an den Ohren**
- **Schütteln des Kopfes**
- **Probleme mit dem Gleichgewicht**

Wenn du dir Sorgen machst und eines der häufigen Symptome einer Ohrenentzündung bemerkst, solltest du einen Tierarzt aufsuchen, bevor du die Ohren selbst reinigst.

Wenn man einmal
einen wunderbaren
Hund hatte,
ist ein Leben ohne
Hund ein ärmeres
Leben.

Dean Koontz

Mission Zähneputzen

Die regelmäßige Reinigung der Zähne deines Hundes kann Zahnfleischerkrankungen vorbeugen. Er wird von Manipulationen in seinem Fang nicht begeistert sein. Bevor du die Bürste hervorholst, muss dein Hund das Zahnputzritual kennenlernen. Daher massierst du zuerst regelmäßig seine Lefzen und später sein Zahnfleisch mit dem Finger.

WAS DU BRAUCHST:

- 🐾 Zahnpasta für Hunde – keine normale Zahnpasta für Menschen
- 🐾 Spezielle Hundezahnbürste oder Fingerbürste
- 🐾 Geduld

WAS ZU TUN IST:

1. Massiere die Lefzen deines Hundes eine Minute lang mit deinem Zeigefinger in kreisenden Bewegungen. Übe dies regelmäßig und wiederhole das Ganze dann am Zahnfleisch und an den Zähnen.

2. Lass deinen Hund an der Zahnpasta schnuppern und ihn sogar ein bisschen davon probieren. Womöglich kommt er so auf den Geschmack (es gibt Pasten mit Leberwurst-Aroma!) und findet Zähneputzen irgendwann ganz toll.

3. Jetzt machst du ihn mit der Zahnbürste bekannt. Hebe die Lefzen deines Hundes an. Bewege die Zahnbürste mit Zahnpasta in kreisenden Bewegungen ganz sanft über sein Zahnfleisch und seine Zähne. Regelmäßiges Zähneputzen kann auch bei Hunden Zahnstein vorbeugen.

Super Sicht

Die Augen deines Hundes müssen sauber gehalten werden, um Infektionen vorzubeugen. Da es sich um einen empfindlichen Bereich handelt, ist große Sorgfalt angebracht. Achte auf Anzeichen von Infektionen wie Ausfluss, Probleme beim Öffnen der Augen, unterschiedliche Größe, Trübung oder häufiges Reiben der Augen.

WAS DU BRAUCHST:

🐾 Ein weiches Tuch

WAS ZU TUN IST:

1. Sorge für gute Beleuchtung.

2. Kontrolliere, ob die Augen deines Hundes klar und gleich groß sind.

3. Ziehe die unteren Augenlider nach unten, um die Bindehaut zu untersuchen – sie sollte rosa sein.

4. Wische vorsichtig mit einem feuchten Tuch von innen nach außen, um Absonderungen oder Schmutz zu entfernen.

5. Gehe es langsam an und achte darauf, nicht in den Augapfel zu pieksen oder mit dem Fingernagel dranzukommen.

HÄUFIGE AUGENPROBLEME:

- ❀ Grauer Star (Katarakt): Trübung der Pupille und unsichere Bewegungen aufgrund einer Sehbehinderung

- ❀ Bindehautentzündung: rote, geschwollene Augen und Augenausfluss

- ❀ Glaukom: der Druck hinter dem Auge führt dazu, dass es sich vergrößert und die Hornhaut trübe wird

- ❀ Progressive Retinaatrophie: eine ernste Erkrankung, die sich durch erweiterte Pupillen und Nachtblindheit manifestiert und sich mit der Zeit verschlimmert

Wenn du etwas Ungewöhnliches an den Augen deines Hundes bemerkst, gehe so schnell wie möglich zum Tierarzt mit ihm. Schütze die Augen deines Hundes im Alltag durch regelmäßige Kontrollen, kürze vorsichtig das Fell um die Augenpartie bei langhaarigen Hunden und lass ihn beim Autofahren nicht den Kopf aus dem Fenster lehnen, auch wenn es euch beiden noch so viel Spaß macht!

IMMER, WENN
DU NACH
HAUSE ZU
DEINEM HUND
KOMMST,
WIRD DEIN TAG
BESSER

Du besitzt keinen Hund. Du hast einen Hund. Und der Hund hat dich.

Chelsea Handler

Vor der Fellpflege

Klebe ein Foto deines zerzausten Lieblings ein –
als Erinnerung daran, wie verstrubbelt er ausgesehen hat.

Nach der Fellpflege

Jetzt kannst du damit angeben, wie toll dein Hund nach einer Wellness-Kur aussieht. Klebe zusätzlich ein altes Haarbüschel von ihm zur Erinnerung ein.

Die besten Pflegemethoden

Schreib dir auf, welche Pflegemethoden bei deinem Hund gut funktionieren, damit du sie nicht vergisst. Auf diese Weise wirst du immer die bestaussehende Fellnase haben.

Die am besten geeignete Krallenzange: ....

Die beste Bürste: ....

Das perfekte Shampoo: ....

Der beste Ohrenreiniger: ....

Der beste Ort für die Hundewäsche: ....

Der beste Hundesalon: ....

Kontaktdaten deines Lieblings-Hundefriseurs: ....

....

DAUERHAFTES GLÜCK IST MÖGLICH, ABER NUR MIT EINEM HUND.

Kapitel Sechs

HUNDE-ERZIEHUNG & -TRAINING

Hundeerziehung klingt nach dem am wenigsten angenehmen Teil eurer gemeinsamen Zeit, aber das ist nicht der Fall. Das Training sorgt für Gemeinsamkeiten, viel Gelächter und dein Hund lernt nicht nur den einen oder anderen Trick, sondern auch du lernst viel darüber, wie du am besten mit deinem Hund umgehst. Das Training mit deinem Hund ist außerdem wichtig, damit er ruhig bleibt, wenn er allein gelassen wird, und damit er angemessen auf Menschen und Artgenossen reagiert.

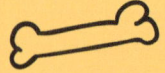

Ein gut erzogener Hund wird nicht drauf bestehen, dass du die Mahlzeit mit ihm teilst, er sorgt lediglich dafür, dass dein Gewissen so schlecht ist, dass sie dir nicht mehr schmeckt.

Helen Thomson

Alle Hunde an Bord

Es gibt verschiedene Arten des Hundetrainings, die alle ihre Vorteile haben. Dein Hund spricht vielleicht auf die eine Art besser an als auf die andere, also wechselst du die Methode, wenn etwas nicht funktioniert.

POSITIVE VERSTÄRKUNG

Die häufigste Art, einen Hund zu trainieren. Sie funktioniert, indem du deinem Hund Befehle beibringst, ihn lobst und dann mit einem Leckerli belohnst. Er assoziiert gutes Verhalten mit leckeren Vorteilen, was bedeutet, dass er besser auf dich hören wird.

CLICKER-TRAINING

Auch hier ist das Prinzip die positive Verstärkung. Ein Klick- geräusch signalisiert dem Hund, dass er das gewünschte Verhalten zeigt. Beispiel: Dein Hund geht ins Sitz, du klickst und belohnst ihn mit einem Leckerli. Da der Clicker punkt- genau das richtige Verhalten markiert, ist diese Trainings- methode sehr effektiv.

DO AS I DO

Diese Methode beruht auf dem Prinzip, dass Hunde durch Beobachtung lernen. Indem ein Hund oder eine Person die gewünschte Aufgabe ausführt, beobachtet dein Hund dies und ahmt das vorgegebene Verhalten nach.

Sitz

Das Kommando „Sitz" flutscht einem nur so von der Zunge. Aber wenn dein Hund nicht richtig trainiert ist, führt es nur zu roten Gesichtern und einem verwirrt dreinblickenden Hund, der den Kopf schief legt. Glücklicherweise ist dies einer der einfachsten Punkte, um mit dem Hundetraining zu beginnen.

Vergiss nicht, dass Hunde gerne fressbare Bestechungen annehmen.

1. Dein Hund sollte vor dir stehen. Halte ihm ein Leckerli vor die Nase. Wenn er es gleich frisst: klassischer Fehlstart. Macht nichts.

2. Führe deine Hand mit dem Leckerli über den Kopf des Hundes. Hoffentlich hat dein Hund bei dem Versuch, dem Futter mit dem Kopf zu folgen, mit dem Hinterteil den Boden berührt.

3. Sobald er sitzt, lobe und belohne ihn mit dem Leckerli.

4. Wenn ihr beide dies ein paar Mal erfolgreich geübt habt, sag „Sitz", sobald sein Hinterteil den Boden berührt.

5. Vergiss nicht, das Kommando auch wieder aufzuheben (etwa mit „Okay" und einer freigebenden Handbewegung).

6. Wiederhole das Ganze regelmäßig in kurzen Abständen. Variiere dann den Ort, an dem ihr übt.

Male jedes Mal, wenn dein Liebling wie ein braver Hund sitzt, einen Stern gelb an. Sobald zehn Sterne voll sind, belohne dich selbst (aber nicht mit Hundeleckerlis).

Platz

Sobald dein Hund das „Sitz" beherrscht, ist es an der Zeit, ihn dazu zu bringen, sich ohne Aufhebens hinzulegen. Besonders nützlich, wenn du in belebteren Umgebungen mehr Kontrolle benötigst.

1. Halte deinem Hund ein Leckerli vor die Nase. Bewege deine Hand mit dem Leckerli vor der Brust des Hundes bis zum Boden.

2. Dein Hund sollte dem Futter folgen, indem er sich hinlegt.

3. Wiederholung macht den Meister. Sag dann irgendwann „Platz", wenn dein Hund sich hinlegt. Wiederhole auch das.

4. Vergiss auch hier nicht, das Kommando wieder aufzuheben.

5. Lobe und belohne deinen Liebling und variiere wieder die Orte, an denen ihr beide übt.

LIEBE IST KUSCHELN MIT EINEM WARMEN WELPEN

Bleib

Manchmal soll dein Hund sich einfach ruhig verhalten, sowohl aus Gründen der Disziplin als auch der Sicherheit. Das ist besonders wichtig, wenn du Straßen überquerst oder fremde Menschen und andere Hunde triffst. Das Kommando kann auch bei vielen Spielsituationen eingesetzt werden.

1. Wenn ihr zu Hause seid, sag deinem Hund, dass er sich hinsetzen soll, geb ihm ein Leckerli, wenn er es tut, und zeig ihm dann, dass er wieder aufstehen kann.

2. Sag ihm erneut, dass er sitzen soll, warte aber ein paar Sekunden, bevor du ihn fürs Hinsetzen belohnst. Wiederhole das Ganze und variiere die Länge der Wartezeiten zwischen dem Hinsetzen und der Belohnung.

3. Wenn er sich das nächste Mal hinsetzt, heb deine Hand mit der Handfläche in Richtung Hund und sag „Bleib". Geh ein paar Schritte zurück. Wenn er bleibt, lob ihn verbal, geh sofort zu ihm hin und belohne ihn mit einem Leckerli.

4. Vergrößere die Abstände und wechsle die Umgebung.

5. Wenn das gut klappt, mach damit draußen weiter. Sag deinem Hund „Bleib" und entferne dich in einer für ihn kritischen Distanz. Wenn dein Hund sich nicht bewegt hat, geh zu ihm zurück und lobe und belohne ihn. Wenn er zu aufgeregt oder besorgt ist und nicht bleibt, mach die Abstände kürzer, versuche es erneut und vergrößere die Abstände ganz allmählich erneut.

Hier

Es gibt nichts Peinlicheres, als während eines Spaziergangs hilflos zu schreien, nur damit der freche Hund sich lässig abwendet und den Schwanz in die Luft streckt. Das wird garantiert passieren, also keine Sorge. Übe einfach weiter bis zu diesem wunderbaren Moment, wenn dein Hund freudig zu dir zurückgerannt kommt.

1. Wenn ihr zu Hause seid, halte dein Leckerli so, dass dein Hund es sehen kann.

2. Entferne dich von deinem Hund. Ein Freund oder Partner kann helfen, indem er den Hund am Geschirr festhält, während du etwas Abstand gewinnst.

3. Geh mit dem Leckerli in die Hocke. Rufe deinen Hund in motivierendem Tonfall und mit klarer Stimme.

4. Wenn dein Hund auf dich zustürmt, belohne ihn mit einem Leckerli. Wenn er zu dir kommt, reagiere immer nur positiv, auch wenn es mal eine Weile dauert. Schimpfe auf keinen Fall mit ihm, denn das verwirrt ihn.

5. Vergrößere die Abstände und variiere die Orte. Übt etwa im Garten oder in verschiedenen Zimmern bei euch zu Hause.

6. Wenn das Ganze gut klappt, verlege das Training nach draußen in einen öffentlichen Bereich. Du kannst deinen Hund an einer langen Leine führen, bis du dich sicher fühlst, ihn frei laufen zu lassen.

Professionelles Hundetraining

Es ist prima, deinen Hund zu Hause zu trainieren, aber es gibt keine Garantie, dass immer alles gut klappt. Professionelle Hundetrainer oder Hundeschulen sind Orte, an denen du mit einem qualifizierten Hundetrainer sowie anderen Hundehaltern und deren Vierbeinern lernen kannst. Gleichzeitig ist so ein Training hervorragend für die Sozialisierung geeignet.

WAS HUNDESCHULEN BIETEN:

- Ein Team professioneller Ausbilder
- Präsenz- und Online-Unterricht
- Leinenführigkeit des Hundes
- Angemessene Sozialisierung mit anderen Hunden
- Abruftraining
- Verhalten und Signale von Hunden verstehen
- Aufbau einer starken Bindung mit deinem Hund

WORAUF DU BEI EINER HUNDESCHULE ACHTEN SOLLTEST:

1. Eine entspannte Atmosphäre. Viel Lärm deutet auf eine chaotische Lernumgebung hin, die weder für dich noch für deinen Hund sinnvoll ist.

2. Positives, belohnungsbasiertes Training. Diese Trainingsmethode ist effektiv, sicher und macht glücklich.

3. Kleine Klassengröße. Alles, was mehr als acht Hunde umfasst, kann zu Stress und zu weniger Aufmerksamkeit für deinen Hund führen.

4. Verhalten der Hunde. Die anderen Hunde sollten entspannt und beschäftigt, weder ängstlich noch nervös sein.

5. Flexibilität. Jeder Hund reagiert individuell. Ein guter Hundetrainer geht auf alle Hundetypen, Interessen und Leistungsstufen ein.

Hunde und Engel sind nicht sehr weit voneinander entfernt.

Charles Bukowski

Sauberkeitstraining

Egal, ob du einen Welpen oder einen älteren Hund hast, der daran erinnert werden muss: Sauberkeitstraining ist ein Muss.

DIE ANZEICHEN FÜR „ICH MUSS MAL":

- **Hund dreht sich um sich selbst**
- **Auffällige Unruhe**
- **Schnüffelt am Boden herum (auf der Suche nach dem perfekten Ort)**

WAS ZU TUN IST:

1. Gewöhn dir an, deinen Hund jeden Morgen als erstes nach draußen zu lassen oder zu führen.

2. Zeig deinem Hund auf jeden Fall den richtigen Platz, wenn du glaubst, dass er mal muss. Du kannst ihn auch regelmäßig nach draußen lassen und beobachten, ob er sein Geschäft macht.

3. Wenn dein Hund versucht, an den falschen Ort zu gehen, führe ihn in den vorgesehenen Bereich, anstatt ihn zu ermahnen.

4. Überleg dir ein Kommando wie „Mach Pipi" oder Ähnliches, damit dein Hund es mit seinem Geschäft in Verbindung bringt.

5. Belohne und lobe ihn jedes Mal, wenn er an der richtigen Stelle sein Geschäft gemacht hat.

Trainings-Checkliste

Behalte das Training deines Hundes im Auge. Wenn er die Grundlagen des Hundetrainings beherrscht, solltest du ihm eine große, leckere Belohnung geben.

☐ Sitz (braver Hund)

☐ Platz (richtig braver Hund)

☐ Bleib (stocksteif)

☐ Abrufen (kommt zurück wie ein Bumerang)

☐ Sauberkeitserziehung (wir sind ein Team: perfekter Stinkhaufensetzer + perfekter Stinkhaufeneinsammler)

TAGE OHNE ZWISCHENFÄLLE

Markiere auf der gegenüberliegenden Seite für jeden Tag, an dem dein Hund sein Geschäft nicht drinnen verrichtet, ein Feld. Passiert ihm ein Missgeschick, geh zum ersten Feld zurück und fang von vorne an. Wenn ihr zehn aufeinanderfolgende Tage geschafft habt, kannst du dir selbst auf die Schulter klopfen: Dein Hund ist ein Meister des Stinkhaufensetzens. Gib ihm eine große Belohnung!

Kapitel sieben

HUNDE-AKTIVITÄTEN

Wenn du und dein Hund die Basics gemeistert habt und bereit seid, etwas Anspruchsvolleres in Angriff zu nehmen, warum probiert ihr nicht die folgenden Aktivitäten aus? Mit vielen verschiedenen spannenden und unterhaltsamen Spielen ist von allem etwas für deinen Hund dabei: Etwas Gehirnakrobatik regt ihn zum Denken an und Schnüffelspiele fordern seine Sinne. All das macht Spaß, ist leicht zu erlernen und in deinen Alltag einzubauen. Eine fantastische Möglichkeit, eine Bindung zu deinem Hund aufzubauen und gleichzeitig seinen Hundeinstinkt zu fördern und zu fordern.

Meine Modephilosophie lautet: Wenn du nicht mit Hundehaaren bedeckt bist, ist dein Leben leer.

Elayne Boosler

Verstecken

Verstecken ist der Klassiker schlechthin, aber immer noch eines der besten und einfachsten Spiele, die du mit deinem Hund spielen kannst. Perfekt für Regentage, und noch besser: Es kostet rein gar nichts.

WAS DU BRAUCHST:

- Nur dich und deinen aufgeregten Liebling – und Leckerlis –, die du, wenn du dieses Buch gelesen hast, sowieso immer parat haben solltest …

UND SO GEHT'S:

1. Sobald dein Hund „Sitz", „Platz" und „Hier" beherrscht, wird das Versteckspiel für ihn ganz einfach sein und sollte schnell zu erlernen sein. Such dir ein Zimmer aus, von wo aus ihr startet und führ deinen Hund dorthin.

2. Sag deinem Hund „Sitz" und „Bleib". Lächle viel, das macht Spaß!

3. Versteck dich in einem anderen Zimmer. Kichere, wenn du willst.

4. Ruf deinen Liebling mit klarer, aufgeregter Stimme.

5. Freu dich, wenn er dich schnell findet, denn Hunde sind schlau und sehr gut im Versteckspiel.

6. Belohne ihn mit viel Lob, Leckerlis und einem liebevollen Kraulen.

7. Wenn du ein gutes Vertrauensverhältnis zu deinem Hund aufgebaut hast, kannst du dieses Spiel auch draußen spielen, um eine größere Herausforderung zu schaffen. Achte nur darauf, dass du eine Antwort parat hast, falls dich jemand hinter einem Baum entdeckt!

Schatzsuche

Schatzsuche geht wie Verstecken, aber dieses Mal versteckst du Leckerlis im Haus, die dein Hund finden und verschlingen soll. Das ist ein tolles Spiel, um sein Gehirn und seinen unglaublichen Geruchssinn zu trainieren.

WAS DU BRAUCHST:

- Eine Handvoll kleiner Leckerlis

UND SO GEHT'S:

1. Sag deinem Hund „Bleib" und zeig ihm die Leckerlis.
2. Verteile sie in der Nähe, damit dein Hund sie sehen kann.
3. Sag deinem Hund „Los".
4. Sobald dieser Ablauf klappt, versteck die Leckerlis an verschiedenen Orten.
5. Jetzt sag „Los" und beobachte deinen Hund, wie er vor Freude davonhopst.
6. Lobe ihn, wenn er alle Leckerlis gefunden hat.

ARM DRAN, WER DEN BALL SEINES HUNDES VERLIERT

Muffinblech-Puzzle

Dies ist ein weiteres fantastisches Spiel, um deinen Hund glücklich und schlau zu machen. Es erfordert nicht zu viel, kann zu Hause und von jedem gespielt werden.

WAS DU BRAUCHST:

- Muffinblech
- Tennisbälle (oder ähnlich große Gegenstände, die in die Förmchen des Blechs passen)
- Leckerlis

UND SO GEHT'S:

1. Füll die Muffinförmchen mit Leckerlis und lass sie deinen Hund herausholen. So versteht dein Hund, dass er dort Leckereien finden kann.

2. Füll die Förmchen wieder mit Leckerlis und decke sie dann mit den Tennisbällen zu. Diesmal muss dein Hund die Bälle aus dem Weg räumen, um an seine Belohnung zu kommen.

3. Wiederhole das Ganze ein paar Mal, um diesen Ablauf zu festigen.

4. Jetzt lass ein paar Muffinförmchen leer, aber denk dran, auch die leeren Stellen mit Tennisbällen abzudecken. Je mehr Bälle du hast, desto schwieriger wird das Spiel für deinen Hund, und desto mehr muss er seine Nase einsetzen.

5. Bei diesem Spiel lernt dein Hund Ausdauer und Kombinationsvermögen, während er seine schmackhaften Leckerlis aufspürt.

Leckerer Schuhkarton

Noch eine einfache, selbstgemachte Aktivität für deinen Liebling – dafür musst du nur deine Schuhkartons aufbewahren, anstatt sie wegzuwerfen.

WAS DU BRAUCHST:

- 🐾 Schuhkarton
- 🐾 Leckerlis

UND SO GEHT'S:

1. Füll einen Schuhkarton mit Leckerlis. Wenn dein Karton keinen Deckel hat, dreh ihn einfach um.

2. Stell den Karton irgendwo im Zimmer auf und bedeute deinem Hund, dass er die Leckerlis suchen soll. Du kannst es deinem Hund leichter machen, indem du Löcher in den Karton machst.

3. Erhöhe den Schwierigkeitsgrad, indem du weitere Kartons aufstellst und einige leer lässt.

4. Verteile die Kartons im Haus, damit sich dein Hund noch mehr anstrengen muss, den richtigen Karton zu finden.

Tauziehen

Futterspiele machen Spaß, aber was ist, wenn ihr mehr Action haben wollt? Tauziehen mag etwas grob erscheinen, aber richtig gespielt kann man damit prima das Loslassen von Objekten üben.

WAS DU BRAUCHST:

- 🐾 Tauspielzeug

UND SO GEHT'S:

1. Halte das eine Ende des Taus und lenke die Aufmerksamkeit deines Hundes auf das andere. Wenn er in Spiellaune ist, wird er schnell verstehen und sich das andere Ende schnappen.

2. Ziehe vorsichtig am Tau, um zu testen, wie dein Hund reagiert. Wenn er es spannend findet, wird er daran ziehen.

3. Jetzt ziehst du wieder am Tau und dann er. Dein Hund darf ruhig spielerisch knurren und grunzen, mit dem Vorderkörper nach unten gehen, sein „Spielgesicht" machen – nur sollte er nicht aggressiv werden.

4. Grundsätzlich sollte dein Hund das Tauspielzeug auf dein Kommando hin (etwa „Aus") loslassen. Wenn du willst, dass er das Tau loslässt, musst du selbst zu ziehen aufhören, aber das Tau weiter festhalten. Dein Hund wird merken, dass das Spiel nicht weitergeht und irgendwann loslassen. Lob und Leckerli!

5. Lass deinen Hund ab und zu gewinnen – er wird stolz und erhobenen Hauptes seine ergatterte Beute präsentieren!

(Während des Zahnwechsels beim Junghund solltest du auf dieses Spiel besser verzichten.)

Tauziehen Punktetabelle

Und? Seid ihr voll dabei mit dem Tauziehen?
Zähl die Punkte, wer gewinnt!

Ich	Meine Fellnase

Wenn dein Hund jemanden nicht mag, solltest du es wahrscheinlich auch nicht.

Jack Canfield

Welche Hand?

Manchmal will man es nur einfach und entspannt haben.
Mit geringem Einsatz kannst du das Austeilen von Leckerlis in eine effektive Trainingsübung verwandeln.
Eventuell fällt es deinem Vierbeiner nicht ganz leicht, das Spiel zu lernen, daher: gib ihm Zeit.

WAS DU BRAUCHST:

- Leckerlis

UND SO GEHT'S:

1. Nimm die Lieblingsleckerlis deines Hundes und sag ihm, er soll sich setzen.

2. Lass deinen Hund sehen, in welcher Hand du die Leckerlis versteckst.

3. Versteck deine Hände hinter dem Rücken und vertausche die Leckerlis.

4. Mach beide Hände zu Fäusten und frag deinen Hund „welche Hand?"

5. Wenn er die richtige Hand mit der Pfote oder mit der Nase anstupst, gib ihm das Leckerli und lobe ihn.

Hütchenspiel

Ein selbstgemachtes Hundedetektivspiel, für das es nicht viel braucht: Nimm einfach ein paar Becher in beliebiger Größe – Joghurtbecher sind ideal. (Sie müssen nur gut ausgewaschen sein.)

WAS DU BRAUCHST:

- Saubere, leere Becher
- Leckerlis

UND SO GEHT'S:

1. Nimm drei Becher und fülle einen davon mit Leckerlis.

2. Fordere deinen Hund auf, sich zu setzen. Dreh dann die Becher um und heb den Becher mit den Leckerlis so an, dass dein Hund sie sehen kann. Stell ihn dann wieder über die Leckerlis.

3. Vertausche die Becher.

4. Fordere deinen Hund auf, die Leckerlis zu suchen.

5. Du kannst es schwieriger machen, indem du mehr Becher nimmst und dennoch nur einen mit Leckerlis füllst.

Mit Leckerlis gefülltes Spielzeug

Hundehalter schwören auf mit Leckerlis gefüllte Spielzeuge – und das aus gutem Grund: Sie beschäftigen und unterhalten deinen Hund und sind dazu noch lecker! Sie sind das Beste, wenn du deinen Liebling allein zu Hause lassen musst, aber du solltest das Spielen damit zuerst unter Aufsicht ausprobieren.

WAS DU BRAUCHST:

- Mit Leckerlis gefülltes Spielzeug
- Leckerlis

UND SO GEHT'S:

1. Nimm das Spielzeug und füll es mit dem Lieblingsfutter deines Hundes.

2. Leg es hin und lass deinen Hund loslegen. Mit Leckerlis gefüllte Spielzeuge sind so konzipiert, dass sie für deinen Hund leicht zu bewältigen sind, aber auch anspruchsvoll genug, um sein hungriges Hundegehirn zu stimulieren. Du kannst anstelle eines Spielzeugs auch Leckerli-Spender verwenden.

EGAL WAS ANDERE SAGEN: SICH MIT DEM HUND AUF DEM BODEN ZU WÄLZEN IST WICHTIGER

Hundeabenteuer

Viele Indoor-Spiele können deinen Hund glücklich machen, aber keines wird ihn so begeistern wie ein gutes Schlammbad draußen. Wie viele der folgenden Vorhaben könnt ihr gemeinsam in die Tat umsetzen (vielleicht nicht gerade die ekligen)?

Hake sie nach und nach ab!

- ☐ Dieselbe Strecke in allen vier Jahreszeiten gelaufen
- ☐ Zusammen verreist (Camping oder hundefreundliches Hotel)
- ☐ Auf einen Berg gestiegen
- ☐ Zum Strand gegangen
- ☐ Einen Wald erforscht
- ☐ Auf ein Doppel-Date mit einem anderen Hundehalter und dessen Hundefreund gegangen
- ☐ Uns den Nachbarn vorgestellt
- ☐ Picknick gemacht

- ☐ Einen neuen Freund gewonnen
- ☐ Einen alten Freund getroffen
- ☐ Das erste Mal ein Eichhörnchen oder Kaninchen gesehen
- ☐ Einen Schmetterling gejagt
- ☐ In einen Busch gesprungen
- ☐ In Wildkot gewälzt (Igitt!)
- ☐ Gründlich daheim gewaschen worden
- ☐ Ohne Leine gelaufen

Die Lieblingsaktivitäten meiner Fellnase

Was macht dein Hund am liebsten? Gib hier deine Bewertung ab, damit du immer weißt, wie du deinen Hund aufmuntern kannst.

	Vergnügen	Können
Verstecken	🐾🐾🐾🐾🐾	🐾🐾🐾🐾🐾
Schatzsuche	🐾🐾🐾🐾🐾	🐾🐾🐾🐾🐾
Muffinblech-Puzzle	🐾🐾🐾🐾🐾	🐾🐾🐾🐾🐾
Leckerer Schuhkarton	🐾🐾🐾🐾🐾	🐾🐾🐾🐾🐾
Tauziehen	🐾🐾🐾🐾🐾	🐾🐾🐾🐾🐾
Welche Hand?	🐾🐾🐾🐾🐾	🐾🐾🐾🐾🐾
Hütchenspiel	🐾🐾🐾🐾🐾	🐾🐾🐾🐾🐾
Mit Leckerlis gefülltes Spielzeug	🐾🐾🐾🐾🐾	🐾🐾🐾🐾🐾
Strandausflug	🐾🐾🐾🐾🐾	🐾🐾🐾🐾🐾
Waldspazierung	🐾🐾🐾🐾🐾	🐾🐾🐾🐾🐾
Vierbeinige Freunde treffen	🐾🐾🐾🐾🐾	🐾🐾🐾🐾🐾
Sich in allen möglichen Hinterlassenschaften wälzen	🐾🐾🐾🐾🐾	🐾🐾🐾🐾🐾

ALLES HAT EIN ENDE

So schnell kann's gehen: Hier ist das Buch schon zu Ende. Und genauso schnell werden diese besonderen ersten Wochen mit deiner geliebten Fellnase zu Ende sein. Also genieße sie in vollen Zügen, halte viele schöne Momente fest und bewahre dir die Erinnerung daran.

Vielleicht hat dich das Buch dazu inspiriert, dein eigenes Hunde-Tagebuch über alle Wuffs und Waus deines Lieblings zu führen – für all die Jahre, die euch beiden noch bleiben, und für all die Aufregungen und Kuschelstunden, die noch kommen werden.

In diesem Buch geht es darum, deinen Hund in deinem Leben willkommen zu heißen, auf alles Mögliche vorbereitet zu sein, und um die Abenteuer, die auf euch warten. Es geht auch darum, was es heißt, ein Hundebesitzer zu sein, und um das Versprechen, das du gibst, wenn du einen vierbeinigen Freund nach Hause holst. Kümmert euch umeinander – und teilt euch Leckereien.

Quiz-Antworten

Nach unten und hinten angelegte Ohren bedeuten, ein Hund ist: ängstlich

Wenn ein Hund einen anderen mit der Nase anstupst: nimmt er Kontakt auf

Eine gerunzelte Nase oder ein gerunzeltes Gesicht bedeutet, ein Hund: droht

„Walaugen" bedeuten, ein Hund ist: ängstlich

Ein drohender Hund: verlagert sein Gewicht nach vorne mit steifer Rute

Ein glückliches Bellen ist: von aufgeregtem Schwanzwedeln begleitet

Ein Hund wendet seinen Blick ab, wenn er: ängstlich ist

Bildnachweis

IMPRESSUM

Die in diesem Buch enthaltenen Empfehlungen und Angaben sind vom Autor mit größter Sorgfalt zusammengestellt und geprüft worden. Eine Garantie für die Richtigkeit der Angaben kann aber nicht gegeben werden. Autor und Verlag übernehmen keine Haftung für Schäden und Unfälle. Bitte setzen Sie bei der Anwendung der in diesem Buch enthaltenen Empfehlungen Ihr persönliches Urteilsvermögen ein.

Der Verlag Eugen Ulmer ist nicht verantwortlich für die Inhalte der im Buch genannten Websites.

Anmerkung zur Schreibweise (Gendering) der weiblichen, männlichen und unbestimmten Form: Ausschließlich aufgrund der deutlich besseren Lesbarkeit wird in diesem Werk auf die jeweilige Mehrfachnennung oder Anpassung der Schreibweise bestimmter Bezeichnungen verzichtet.

Bibliografische Information der Deutschen Nationalbibliothek
Die Deutsche Nationalbibliothek verzeichnet diese Publikation in der Deutschen National-bibliografie; detaillierte bibliografische Daten sind im Internet über http://dnb.d-nb.de abrufbar.

Englischsprachige Originalausgabe:
Charlie Ellis: My Pawsome Dog and Me Journal. Celebrate Your Dog, Map Its Milestones and Track Its Health and Well-Being

First published in the United Kingdom in 2022 by Summersdale Publishers Ltd., an imprint of Octopus Publishing Group Ltd Carmelite House, 50 Victoria Embankment, London, EC4Y 0DZ

Copyright © Summersdale Publishers Ltd., 2022

Text by Kevin Woodley

Deutschsprachige Ausgabe:
Copyright © 2024 Eugen Ulmer KG. Alle Rechte vorbehalten. Diese Ausgabe wird unter Lizenz von Summersdale Publishers Ltd. veröffentlicht.

© 2024 Eugen Ulmer KG
Wollgrasweg 41, 70599 Stuttgart (Hohenheim)
E-Mail: info@ulmer.de
Internet: www.ulmer.de
Projektleitung: Kathrin Gutmann
Herstellung: Silke Reuter
Umschlaggestaltung: Verlag Eugen Ulmer
Satz: r&p digitale medien, Echterdingen
Printed and bound in China

ISBN 978-3-8186- 2242-8